知童不知者

UFO——
外星人的星际列车

纸上魔方◎编著

重庆出版集团 重庆出版社

目 录

contents

快来呀！
一起认识认识UFO

近100多年以来，许许多多的人都曾看到过不明飞行物，这些飞行物来历不明，去向也不清楚。有人认为不明飞行物只是人的幻觉，有人认为这是一种自然现象，还有人认为不明飞行物就是天外来客。对于不明飞行物的争论至今还喋喋不休，无一定论。那这些不明飞行物都长什么样子呢？它们真的来自其他星球吗？下面咱们就一起去瞧瞧它们吧！

UFO是什么东东？

因为人们见过的不明飞行物大多呈碟状，故有人称其为飞碟，英文简称UFO。

UFO是指不明来历、不明空间、不明结构、不明性质，既可以漂浮又可以飞行在空中的物体。对于UFO，大多数人相信它是来自其他星球的太空船，但也有少数人认为UFO属于自然现象。20世纪40年代，美国上空开始出现碟状飞行物，人们称其为飞碟，这是人们对UFO进行研究的开端。后来，UFO频频出现，世界各地的不明飞行物报告也纷至沓来，到目前为止，全世界目睹UFO的事件达10万多起。可想而知，全球至少有几十万人都见过飞碟，而且还曾有人拍下UFO的照片作为目睹之证据。

这些关于UFO的报告和照片经专家鉴定后，有些被判定为骗局，有的则被认为是球状闪

电，不过，有部分发现是现有的科学知识无法解释的。

形态各异的UFO

据众多目击者称，不明飞行物的外形大多是碟状、球状和雪茄状，也有一些呈棍棒状、纺锤状或射线状。按照目击者看到的UFO大小和用途的不同，可以分为以下几种。

超小型无人探测机：这是最小的UFO。它一般呈碟状或球状，直径为30厘米左右。这种超小型UFO就像是一个探路器，在它出现之后才会出现大的UFO。不过也有目击者称，他们曾在超小型UFO上看到过体型很小的

外星人。所以它究竟是不是探测机，我们还不能完全确定。

小型侦察机：它比超小型UFO大，直径约为50米。因为有人曾看到外星人从上面下来进行地球调查，故得此名。

标准型联络船：这是出现次数最多的UFO，形状多为碟状，直径约为700米。它很可能是地球与外太空的"联络员"。

大型母船：这是最大的UFO，它的直径在千米以上，形状多为圆筒状或碟状。它一般在高空飞行，到目前为止，还没有人看到它着陆过。

轰动世界的飞碟热

1878年1月，美国得克萨斯州的农民J·马丁正在田野里耕种，突然看到空中飞过一个碟状物体。这在美国曾经轰动一时，当时美国的150家报纸都刊登了这条新闻。"飞碟"这个名字也是在这时候诞生的。

这次事件堪称是世界上的首次飞碟热。

1947年6月，美国的K.阿诺德在驾驶私人飞机途经雷尼尔山附近时，发现在高空中突然掠过9个圆盘。这一事件又引起了美国人的广泛关注，各大媒体也竟相报道。这次的飞碟发现又一次引起了世界性的飞碟热。自此，人们对飞碟进行研究的漫漫长路开始了。

这家伙，跑得可真快

我们知道，探索太空的宇宙飞船的飞行速度就够快的了，它的飞行速度能达到8000千米/小时。但是很多目击UFO的人声称，UFO在眨眼间就消失不见了，它的飞行速度是宇宙飞船远远赶不上的。后来人们试图用雷达来追踪UFO，但每次都是追踪到一半就没有它们的信号了，人们都不知道它们到哪儿去了。

UFO是怎么飞行的？

我们都见过飞机在空中飞行，也见过鸟儿在高空展翅，那UFO是怎么飞行的呢？

常见的UFO的飞行姿态就如直升飞机一样，纹丝不动地停留在空中，但是它又不同于直升飞机，因为直升飞机停在空中时，它的旋翼会时刻不停地转动，以此来为机身提供动力。但是UFO在做这一凌空悬停的动作时，却丝毫看不到它是靠什么机械作用来支撑的。有专家推测，UFO很可能拥有能够抵消地球引力的某种机械装置。但事实真是如此吗？我们不得而知。

猜猜看

谁能告诉我真相？

自从UFO闯入人们的视线之后，一起接一起的UFO目击事件接踵而至。在众多的UFO事件中，最为离奇的就要属罗斯韦尔事件了。有人说，在这起事件中，人类竟然解剖了外星人的尸体。这是一出荒诞的闹剧还是确有此事？下面咱们就一起穿越到1947年的罗斯韦尔，看看能否揭开这起事件的神秘面纱。

发现碎片

　　1947年7月4日的深夜，罗斯韦尔上空电闪雷鸣，下起了滂沱大雨。49岁的牧场主麦克·布雷泽尔突然被两声巨大的雷声惊醒，此时的他忐忑不安，因为他在担心远在120千米外自己经营的福斯特牧场遭遇不测。好不容易等到天亮，布雷泽尔疾速赶往牧场。

　　这时，奇怪的事情发生了。布雷泽尔发现在牧场周围大约400米范围内，散布着一种特殊的金属碎片，这是一种他从未见过的材质，而且还有一片被烧焦的草地。他觉得事有蹊跷，便收集了一些金属碎片并交给了美国空军基地的杰西·马瑟尔少校。

一波未平，一波又起

1947年7月8日，在美国的《每日新闻报》中登载着这样一则新闻。报纸宣称马瑟尔少校在罗斯韦尔发现了一个坠落的"飞碟"。还有一些媒体报道称有人在福斯特牧场西附近的荒地上，发现了一架碟状残骸，在碟状物里面和其周围的地上有好几具尸体。这些尸体约为100至130厘米长，体重在18千克左右，大脑袋，大眼睛，小嘴巴，没有头发，身穿连体的紧身制服。但在此报道后几小时内，就又有报道称，马瑟尔少校得到的并不是飞碟，而是带着雷达装置的气球残骸。

第二天，另一篇报道则说布雷泽尔根本没有听到爆炸声。

关于这个不明物体的报道转变太快了，人们对此事的真相也越来越怀疑：究竟此事的背后隐藏着什么呢？人们便大量涌向福斯特牧场，可牧场周围到处都是持有真枪实弹的士兵，人们望而却步，只好静候军方能给出一个真实的答复。

一石激起千层浪

后来有人提出质疑，马瑟尔少校曾是核弹工作的情报官，他怎会辨认不出不明物残骸的材质呢？如果真是雷达用的纸箔，他又怎会辨认不出来呢？

对于这一疑问，美国军方和马瑟尔少校都避而不谈。直到1978年，马瑟尔少校退役后才向世人发出声明，他说1947年他在罗斯韦尔附近看到的是飞碟，不是气球残骸。他的这句话终于让人们的争论停止了。但随之而来的许多毫无依据的传闻却传遍了大街小巷……

解剖外星人的尸体

　　一位名叫格棱·丹尼斯的人声称自己是间接的目击者，他说1947年他正在罗斯韦尔一家殡仪馆做殡葬师。7月7日那天，他曾接到来自罗斯韦尔空军基地打来的电话，让他开救护车去罗斯韦尔的一个事故现场去帮忙。

　　后来，丹尼斯把受伤者送到了空军基地医院。恰巧，丹尼斯在医院遇到了朋友马里亚·塞尔夫护士。但奇怪的是，护士并没有和他拉家常，反而要他赶紧离开医院。丹尼斯正迷惑之际，却被一个白人军官带领的两个士兵带出医院，并被其中的一位黑人士兵警告：不准向外透露在医院的所见所闻。丹尼斯觉得很奇怪，第二天他便打电话约塞尔夫护士见面。护士告诉他，医院解剖了外星人的

尸体，她就是解剖者之一，尸体解剖完之后全部被运到了俄亥俄州的基地。此事过去一两天后，塞尔夫护士就被调离医院。丹尼斯也没有再见过她。

原来只是场闹剧

丹尼斯的奇遇真是令人咋舌，美国空军军方与UFO研究者都有点怀疑其证词的可信度。很快，疑点便展示在世人面前：其一是空军基地的医院里根本就没有"塞尔夫"这个人；其二是在1947年7月8日—9日之间，根本没有任何工作人员被空军基地医院调走。其三是丹尼

斯说警告他的是一个黑人士兵，是在一个白人军官的带领下，而，1947年美国还在实行种族隔离政策，是根本不允许黑人士兵跟随白人军官的。种种疑点表明，丹尼斯的奇遇毫无根据可言，这只是一场闹剧罢了。

影片现身说法

1993年，美国空军在有关罗斯韦尔事件的调查报告中说，从罗斯韦尔发现的残骸，极有可能是"莫古尔计划"所施放的气球。而1995年的8月，在第8届国际UFO大会上，一位英国商人——雷·山提利现场播放了一部拍摄于1947年的无声影片。

这部影片共有14卷，是16厘米的黑白

片，影片全长为91分钟。影片的内容则是当年"飞碟"坠毁与美国军方解剖外星人的过程。

原来，1993年，雷·山提利在美国研究音乐录影带时，曾经是在美国军方工作过的退役摄影师，交给他一部有关罗斯韦尔事件的真实影片。这位摄影师说，1947年他奉命赶到罗斯韦尔，拍摄了这部纪录片。

猜猜看

影片是真还是假？

影片的出现可谓是轰动全场，多数UFO研究者认为，罗斯韦尔事件肯定是一次飞碟坠毁事件，在飞碟周围的尸体就是外星人的尸体。这部影片就是罗斯韦尔事件的铁证。

困扰了人们大半个世纪的罗斯韦尔事件看似已经大白于天下了。但谁也没想到，事隔11年后（2006年4月），又有报道曝出：解剖外星人的影片是英国电视特技师和几名同行炮制的，当事人已经承认此事。这部轰动世界的纪录片并非于1947年在罗斯韦尔拍摄的，而是1995年在英国的一座公寓中拍摄的，而雷·山提利也是制造骗局者之一。

外星人，
你来月球做什么？

我们知道，人类已经把脚印深深地印在了月球上。可就在人类第一次登上月球时，却发现了地外物体和外星人。近年来，不明飞行物和外星人频频光顾地球，人们猜测外星人很可能是想借此来了解地球，以及生活在地球上的人类。可月球上没有生命，外星人去月球做什么呢？下面咱们就去看看发生在月球上的离奇事件吧！

不明物体藏哪儿了?

　　1968年12月，"阿波罗8号"飞船搭载着三名宇航员和"土星5号"火箭顺利到达太空。这是人类第一次离开近地轨道，并绕月航行的太空任务，"阿波罗8号"在经过三天的太空航行后，才到达月球轨道。

　　就在飞船飞到月球背面时，空中突然出现了一个巨大的地外物体，它的直径足足有16千米。一位宇航员迅速拿出相机，想拍摄下这个神秘的"家伙"，但它早已消失得无影无踪。这究竟是什么东西？它的飞行速度竟会如此之快！它到底去哪儿了？是飞向了别的星球还是隐入了月球内部?人们只能尽情地去想象……

神秘物体再现月球

不明飞行物与阿波罗号好似有不解之缘。同样诡异的现象在人类首次登上月球时也发生过。

1969年7月，美国发射的"阿波罗11号"顺利进入预定轨道，人类首次登上了月球。在宇航员阿姆斯特朗登上月球的前一天，另一名宇航员奥尔德林发现在飞船身后，有一个"L"形状的不明飞行物在浮动，它忽上忽下，并且还向外喷出一条长长的尾迹。正当奥尔德林担心这个不明飞行物会不会穿过飞船时，它却立即消失了。就在它消失的瞬间，飞船内也出现了一道神秘的闪光。

这道闪光可吓坏了奥尔

德林，他还以为有东西进入了飞船。要知道，在近似真空的太空里，多么微小的东西都会将飞船穿透。据奥尔德林透

露，从这个不明物体的外形来看，它不像是火箭。后来，他又多次看到几个与之相似的物体，但是都没有之前的不明物大。

真是UFO在作怪吗？

后来，又有一些"阿波罗"宇航员证实，他们都曾亲眼目睹过不明飞行物的"尊容"。它们闪着光，在月球上空飞行，但它们只存在一瞬间，两三秒钟后便会突然消失。难道真的是UFO在作怪吗？

对此现象，有些科学家猜测，月球原本是一艘巨大无比的宇宙飞船，后来由于它所在的宇宙空间发生了种种变化，月球因为不"适应"这种变化，在亿万年前才被运到了太阳系。

假如月球真是一艘宇宙飞船的话，那么，在月

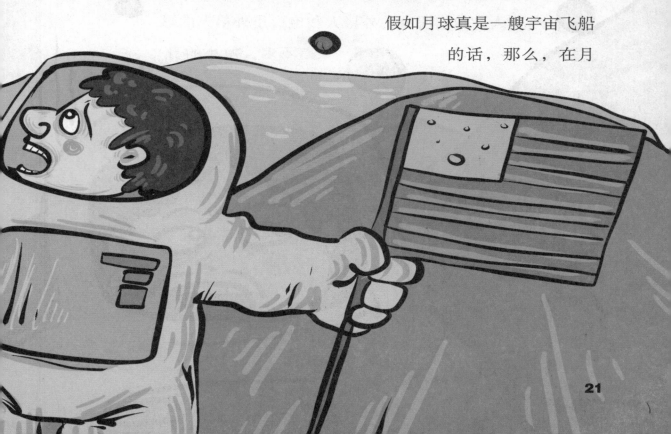

球上出现不明飞行物也就理所应当了。也就是说，在宇宙的某个空间一定还存在其他的像人一样的智慧生物。可是当地球人踏上月球时，怎么没有碰到这些经常拜访月球的生物呢？它们是躲起来了吗？谁都不知道。

外星人在盯着他看

如果有人在盯着你看，即使你没看到他，你也能感觉得到，这好像是人的本能。1971年，全世界第6个登上月球的宇航员——埃德加·米切尔在接受采访时说："我在返回登月舱时，总感觉有种东西在注视着我。"原来，米切尔竟遭遇了外星人！

他还说，一些美国航天机构的内幕人士曾亲眼见过外星人。他们所见的外星人和电影里外星人的形象差不多，瘦小的身

材，鼓鼓的眼睛，大大的脑袋。

米切尔还说，根据他们见到的外星人的装备来看，人类的科技水平远远不及外星人。幸好外星人没有想毁坏地球，否则，人类可能早就不存在了。当然，对于米切尔的言论，美国航空航天局也并非全部支持。

外星人到月球做什么？

地球人探测月球是为了更好地了解地球的形成、构造和起源，另外也可以根据月球上的优越条件来开发月球，更好地为人类做出贡献。那外星人到月球上要做什么呢？

有人说，外星人很可能在月球上建有飞碟基地，不明飞行物之所以会突然消失不见，是因为它进入了月球内部的飞碟基地。还有人说，不明飞行物可能来自其他星球，当那个星球上的外星人检测到来自地球的"阿波罗号"后，便派来"飞船"前来牵制"阿波罗号"。

这些"杜立巴人"的
尸骸是外星人的吗?

在我国西藏的巴颜喀拉山山区的一处洞穴中，埋葬着许多名为"杜立巴"的族人。这些人的尸骨瘦弱矮小，据说他们是一种矮小的外星人，是在很久很久以前降落到这里的。这些说法究竟是真是假？他们和外星人究竟有没有关系呢？接下来，咱们就一起去探究一下这其中的奥秘吧！

这不就是小型的UFO吗？

1938年，北京大学考古学系教授齐福泰带领着一支考古探险队远征到中国青藏高原的边界——巴颜喀拉山，他们决定在这一带的洞穴中进行探险活动。令人惊喜的是，他们在巴颜喀拉山的一处洞穴中竟然发现了一系列的隧道和地下储藏室，隧道和储藏室的墙壁直立而光滑，像是用高热度的工具切割的一样。齐福泰判断，这应该是人工开凿而成的。

更让人意想不到的是，洞穴中还有多达700块圆形石盘，直

径约30厘米，厚度约有2厘米，重量约为1千克，石盘的中间还有一个圆孔，从圆孔向外延伸出双重螺旋凹槽，一直延伸至石盘边缘。它们的样子和现在的UFO很相似，因此有人称其为"石碟"。

有着大脑袋、小身体的骷髅

在发现石碟的同时，考古探险队还发现了一些刻在墙上的壁画，画上有太阳、月亮、星星，而且还用线条将它们连接了起来。另外还有许多排列整齐的坟墓，墓内埋葬着许多类似侏儒人的骷髅。这些骷髅都有着大大的脑袋，纤细瘦小的身体，很明显，它们不像是现代人的尸骨。

其中一个队员猜测，这也许是山上某种大猩猩的尸骸，但齐福泰教授立刻回绝了此说法，理由是：大猩猩怎么会这么整齐地

埋在这里呢？他认为，这些骸骼应该和那些石碟有关，他们就是当地人所传说的杜立巴族人。

快快快！我们一起来解读石碟碑文

石碟和骸骨的发现引起了人们的极大兴趣，1960年，北京大学楚闻明教授发现石碟上含有钴等金属，在用电波给它一定频率的激发后，它还会有节奏地振动。另外，在石碟的螺旋凹槽中还有许多未知的象形文字，这些文字小得可怜，需要用放大镜才能看清楚。经过多年的研究，楚闻明教授终于解读出了石碟上的部分碑文。

他说碑文的内容表明，大约在1.2万年前，一些杜立巴族的外星人在太空中航行时遭遇不测，他们乘坐的太空船坠毁在巴颜喀拉山地区。生还者中的大多数都被当地人杀死了，另外一些幸

存者无法修复太空船，只好困居山中。他们很想和当地的人类和平相处，但是这里的居民却驱逐和追杀他们。无奈之下，他们只好藏在这个山洞里。

莫非这真是外星人遗留的？

楚教授的报告刚一发表，立刻引起其他学者的冷嘲热讽，他们认为这完全是虚构而不符合实际的。可是在西藏的一个从"云彩"中下来的入侵者的古代传说中，里面的入侵者的外形和杜立巴族人的形象十分雷同。而且，1996年美国宇航局公布的UFO影像中的飞碟与杜立巴石碟又出奇地相像。这又该作何解释？难道外星人真的来过这里？这还真让人琢磨不透。

现在的杜立巴人是不是外星人的后代呢？

现在，在我国西藏巴颜喀拉山山区依然居住着一个名为杜立巴族的部落。只是这个部落的人的长相和普通的藏人没有什么两样，生理特征也没有什么不同之处，而且也没有居住在洞穴中。这个杜立巴族和外星人有关系吗？他们是不是埋在洞穴中的那些矮人的后代呢？真不晓得这只是名字上的巧合，还是他们是"外星人"经过上万年进化的结果。

猜猜看

奇怪！UFO取走人的 记忆力做什么？

　　当一个人的头部受到猛烈撞击后，很可能会失去记忆，但是我们却不能故意使人丢失某个时间段的记忆。可是聪明的外星人却可以做到这一点。在地球人被外星人劫持后，这些地球人或多或少都会丢失一段记忆，因为这段记忆被外星人清除掉了。为了找回这段记忆，专家们便对这些人进行催眠。通过催眠能找回失去的记忆吗？被绑架的人又会想起哪些事情呢？接下来，咱们就一起去看看被绑架者的遭遇吧！

当时发生了什么？

　　1980年11月19日晚11时45分左右，美国的一对画家夫妇在从画室回家的途中，突然听到一种十分奇怪的声音。随即，一道耀眼的蓝光直入他们正在驾驶的车内。夫妇俩被这怪声和强光吓了一跳，他们赶紧去打开窗户，想一探究竟。正当他们要打开窗户时，却发现无线电失灵了，车子的前灯也熄灭了，整部车子也被倾斜着抬到了半空……

　　等这对夫妇清醒过来时，已是0时55分，那这一个多小时的时间他们都做什么了？任凭他们怎么想，可就是什么也想不起来。原来，这对画家夫妇失去了1个多小时的记忆。

找回丢失的记忆

当这对夫妇将自己的奇遇告知美国军方后，美国第一流的社会心理学者准备对他们进行催眠实验，以便找回失去的记忆，弄清楚当时究竟发生了什么。因为那晚发生的事对这对夫妇来讲实在是太恐怖了，妻子不愿意回想起那些事，最后丈夫迈克经再三考虑后，终于接受了催眠实验。

车子被抬升到半空后，被一股强大的引力吸引到一个巨大的圆形物体前面。这个圆形物周围布满浓密的云雾，浓雾中还夹杂着一股刺鼻的臭味。那个圆

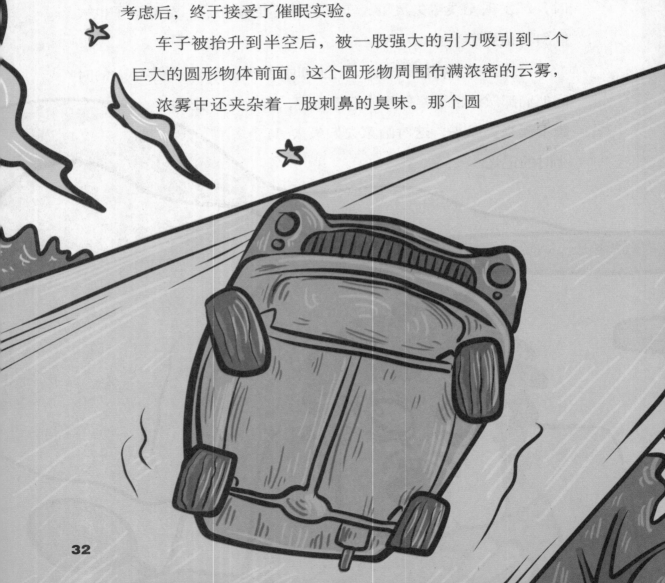

形物体上突然间出现了一个开口，而且还向里
延伸出一条细长的小道。小道非常明亮，好似由灯光
铺成的一样。在开口处站着两个身穿金黄色亮光衣服的不
明物体。带领夫妇俩的那个不明物体向门口的那两个不明物体
打了一声招呼，便将夫妇俩带进了一个大房间。在房间里有两个
相隔较远的平台，而且每个平台上空各有一个半球状的灯。不明
物将夫妇俩的衣服脱光后，让他们分别躺在两个平台上，在这里
接受全身检查……

　　不知过了多久，两人被穿戴整齐地送回车内。这时，车子还
停在半空中，突然，又出现了那种奇怪的声音，还有那道耀眼的
蓝光。就在这声音和闪光出现的那一刻，车子又稳稳地落在了地

上。不一会儿，声音和光线完全消失了，而夫妇俩又像刚开始一样驱车行驶在高速公路上，就好像什么事也没发生过。

UFO也会给人类治病？

虽说夫妇俩在这次奇遇中受到惊吓，但还好有惊无险，两人并未受到其他伤害，并且还因祸得福了呢！

在这场奇遇之前，迈克的脚上长有两个黑色的恶性肿瘤，但在经过不明物体对他做的身体检查后，迈克的两只脚虽然有被烧伤的疼痛感，但他脚上的那两个肿瘤却莫名其妙地消失了。难道，不明物体在给迈克做身体检查时所使用的检查仪器会治愈肿瘤？

UFO为什么要取走人的记忆？

经过催眠后，迈克回忆起不明物体在给他检查身体时的一些细节。

在检查身体时，不明物体好像取出了他头脑中的记忆装置。后来，不明物体又用一些仪器对记忆装置进行了严密检查，并且还在里面加入了一些东西，之后又放回了迈克的头脑中。这是否就是不明物体在取走迈克的记忆呢？那他取走的记忆又是哪些呢？迈克想，以前他曾在军界工作过，对国防和火箭防御等方面的情况甚为了解，不明物体会不会将他的这部分记忆取走了呢？

猜猜看

UFO上的标志
代表什么?

我们知道，不同牌子的汽车有不同的标志，像奥迪汽车的标志就是四个环，而比亚迪汽车的标志则是"BYD"字符；不同品牌的服饰也有不同的标志，比如耐克的标志就是一个跟对号一样的小钩，而乔丹的标志则是一个正在打球的运动员……那UFO的形状和大小也不尽相同，它们是不是也有不同的标志呢？在1964年出现在索科洛的一个UFO上，就带有一个奇怪的标志，这在世界上的UFO事件中还是极为罕见的。接下来就一起去看看UFO的神秘标志吧！

没有烟的神秘火光

1964年4月24日17时45分，美国的一名警察萨莫拉飞速地驾驶着警车，原来，他正在追赶一辆逃逸的汽车。就在萨莫拉行驶到墨西哥州索科洛镇南部的85号公路上时，突然"轰隆"一声巨响，萨莫拉还以为出什么事故了。他一边继续行驶，一边打开车窗。

透过车窗，他看到西南方向的上空有一道强烈的火光。萨莫拉猛然想到，距此800米的西南方有一座炸药仓库，这火光难不成是炸药爆炸引起的？于是他赶紧掉转车头，疾速向西南方向驶去。他路过一片碎石路时，看见了那道强烈的火光，这是一道蓝色且略带一点橙色的火光。不过这是一种罕见的火光，因为它一点烟都没有。

那是一起汽车事故吗？

萨莫拉继续驾车向西慢慢前进，正在他寻找炸药库时，突然看

到在他的南方150米处，有一个发光体。这个发光体就像是一部倒翻过来的汽车。在发光体的边上，还站着两个身穿白色连体服的"男人"。萨莫拉心想，这里可能发生了一起汽车事故，他们一定需要帮助。萨莫拉加大油门，迅速驶向发光体。在车上，他也不忘与索科洛镇派出所联络，说这里可能发生了车祸，司机需要支援。

离发光体还有十几米时，萨莫拉停了车，并走出车外。这时他才看清楚，那发光体根本就不是翻倒的汽车，而是一个椭圆形的金属物。此时，一个身穿连体服的"男人"正巧和萨莫拉两眼相对，萨莫拉吓得几乎跳了起来。这"男人"虽然也有头有脸、有四肢，但是他的模样和地球人还是有很大差别的。

罕见的UFO标志

"轰隆"，又是一阵巨响，使萨莫拉从惊呆中清醒过来。不知何时，两个"男人"已进入金属物内，金属物也开始向上升，它的底部还窜出火焰。火焰上方是淡青色，下方呈橙色，也没有冒烟。萨莫拉的脑子里立刻闪出一个词——UFO。

萨莫拉发疯似地跑到一个小山丘上，他死死盯着眼前正在上升的金属体。从整体上看，它像一个光滑的鸡蛋，而且是密闭的，没有门窗，真不知道那两个"男人"是怎样进去的。在蛋体侧面，可以清晰地看到有一个特殊标志，这个标志是一条横线上向上的箭头指向一个开口向下的弧。

巨响渐渐停止了，但是还能看到金属体。可是等到索科洛镇派出所的警察赶来时，金属体已经消失得无影无踪了。

还有一位见证者呢！

索科洛派出所的警长将此事汇报给联邦调查局。没过多久，此事几乎传遍了世界。众多媒体竞相采访萨莫拉，可萨莫拉受不了如此频繁的骚扰，他把自己的所见所闻说清楚后，便拒绝了所有的媒体。

之后，一位镇上加油站的营业员透露，在事发当天的同一时间，有一名在加油站附近的顾客曾说，他也看到了形如鸡蛋的不明飞行物。

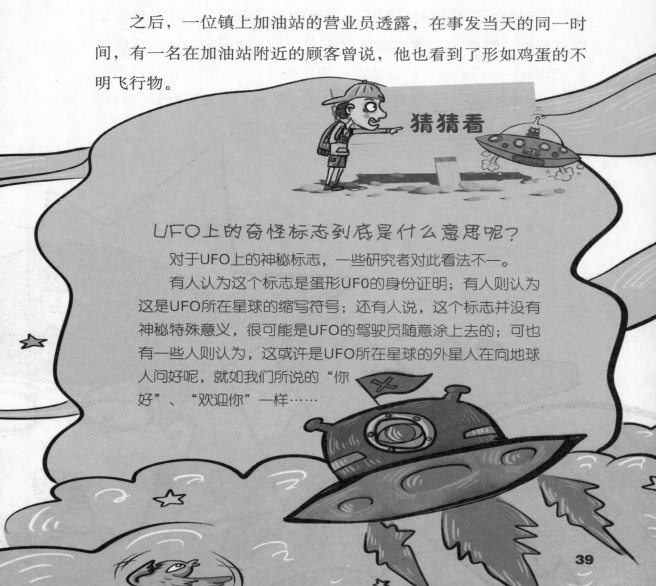

猜猜看

UFO上的奇怪标志到底是什么意思呢？

对于UFO上的神秘标志，一些研究者对此看法不一。

有人认为这个标志是蛋形UFO的身份证明；有人则认为这是UFO所在星球的缩写符号；还有人说，这个标志并没有神秘特殊意义，很可能是UFO的驾驶员随意涂上去的；可也有一些人则认为，这或许是UFO所在星球的外星人在向地球人问好呢，就如我们所说的"你好"、"欢迎你"一样……

珍贵的录音
终于现身啦！

　　在这么多起UFO的目击事件中，有很多人都拍下了UFO的照片，可是对于目击现场的现场录音却少之又少。2008年在上海举行的"重大UFO事件学术讨论会"上，却曝出了一份被藏了17年的UFO目击录音。这也是目前我国唯一的一份已知飞行员目击UFO的录音。这份录音的内容是什么？那个飞行员看到的真是UFO吗？下面，就一起去听听这份珍贵的录音吧！

嘘！听听录音的内容

　　这份录音是在1991年3月18日18时13分至28分，从上海飞往济南的3556航班上，由一位飞行员录制的。这份录音长达十几分钟，但是声音有些嘈杂，不是十分清楚。

　　18时13分时，飞行员开始呼叫："现在，在我的前方突然出现了一个我判断不清楚的物体，它大约有2～3米那么长，很像一个火球，它正在向北飞。"18时15分，飞行员疾呼："我现在看到有一溜火球，现在可以隐隐约约看到它，有五六米那么长。"

　　18时17分，飞行员喊道："那个物体刚才还是红色的，可突然间却变成黑色的了。"18时19分，飞行员又喊道："它还在我的右前方，我只能降低速度。"两分钟后，声音又响起："火球刚才消失了，但是现在我又看到它了。原来还是一个火球，但是现在它由一个分离成了两个，一个在上面，另一个在下面。它们两个相差有两三百米那么高，都是黑黑的。"

飞行员对目击现场的完整描述

听完这段断断续续的描述，我们似乎还不太清楚当时的细节，好在飞行员在上面的描述之后又做了一次较为完整的描述：

"在离开机场大约15千米，我看到前方出现了一个不明飞行物，约有3～5米长，它就像是一个通红通红的火球。后来不明飞行物向东北方向飞去了，而且速度很快，离我越来越远。可是在飞机飞到40千米左右时，不明物体又从东北方向南方飞去，我担心飞机和它碰撞，只能东躲一下、西躲一下地绕开它。突然，它又转身向北飞，飞着飞着它变成了一个黑体，而且飞得越来越低。过了一会儿，这个黑体又分离成了两个黑体，一个是飞在上空的圆球形黑体，另外一个是飞在下面的长方形黑体，这两个黑体一起飞向了东北方……"

地面调度急切地问道："是否需要返航？"飞行员说："不

需要，它

现在已经消失了。我想

它对飞机不会造成什么影响。"

　　录音有几分钟的嗞嗞声响，到了18时26分，飞行员突然又呼叫起来："不明飞行物又出现了，不过它又合二为一了，成了一个圆球形。它向西北飞走了……它不见了。"至此，录音也结束了。

再现目击现场

　　在3556航班飞机起飞后没多久，空中便突然出现一个"火球"。这个火球随后变成了一溜排列整齐的火球，眨眼间，一溜火球又合并成一个火球，通红的"火球"又疾速变成了"黑球"，并且分离成一个圆形和一个长方形的小型不明飞行物。此时飞行员唯恐出现不测，保持高度警惕。这两个不明飞行物又开始在飞机附近飞行，为了避免飞机与其相撞，飞行员只得多次改变航向，一会儿向左飞，一会儿向右飞。当飞机飞到苏州上空时，这两个飞行物突然调头向飞机飞来。飞行员被这一情况吓坏了，万分危急之下，这两个飞行物却又合二为一，掉头飞远了。飞行员吓得冒出一身冷汗，真是虚惊一场。

很有可能不是UFO哦！

对于这次出现的不明飞行物，专家们是各持己见，众说纷纭。

UFO爱好者章云华表示，那个所谓的"火球"和"黑球"其实就是两架小型飞机，当这两架飞机和3556客机都在一个水平面上时，三点连成一线，当太阳光照射到这两架飞机上时会发出闪光，3556航班的飞行员就误认为前方的两架叠合在一起的飞机是一个发光的物体。也有专家说这也许是人类还未掌握的自然现象。

听听"中国UFO第一人"怎么说

"中国UFO第一人"王思潮则认为，不明飞行物既可以避开雷达的探测，又不会发出任何声响，而且它还可以随着距离3556航班的远近，随意改变运行速度和方向。而这些功能都是人类的飞行器所不能企及的。所以，这个不明飞行物很可能是来自外星球的UFO。

猜猜看

外星人能不能到达地球呢？

现在有很多科学家都认为，除了太阳这颗恒星，地球距离宇宙中最近的一颗恒星也有4.22光年，外星人怎么可能会到达地球呢？3556航班的飞行员遇见的也绝不可能是UFO。

而王思潮却认为，太阳系以外的智慧生命离地球那么远，我们怎么知道他们的科技水平就不如人类呢？他们的科技水平很有可能会远远超过人类。他们派一个高智能机器人来操控外星飞行器，也是大有可能的。人类现在与外星人相比，就好像在拿山顶洞人与现在的人类相比一样。我们怎么能用弱势方的眼光来看待世间的奇异现象呢？

外星人长得怎么不一样呀？

　　虽说我们人类的长相都各不相同，但大致面貌都还是差不多的，不像那些外星人，相貌相差太大了。到目前为止，人类目睹和捕捉到的外星人就有上千种了。形态各异的外星人又给人类带来了许多解不开的谜团，根据现在的科学技术，人类还无法对这些外星人做出解释。现在，我们就去看看这些千奇百怪的外星球上的生命吧！

将外星人分分类

根据目前光顾地球的外星人的特征，可以将他们大致分为以下三种类型。

人类型外星人：长得和地球人相差不大，只是体型要比人类瘦小。这种外星人具有高度智慧，行为举止比较文明，对地球人怀有善意的同时，也有警觉的戒心。

外星智能生物：此类外星人又分为矮小型类人智能生物和巨人型类人智能生物。矮小型类人智能生物身材矮小，脑袋和眼睛非常大，四肢纤细，没有毛发。也许是他们拥有大脑袋的缘故吧，他们的思维能力极强，具有地球人难以企及的超人技能。巨人型类人智能生物身材高大，一般都在2米以上，也曾有人见过10米以上的。

实验用外星动物：多为哺乳类、爬行类或鱼类。这种外星动物中，有些长有长毛、爪子、尾巴、鱼鳞似的皮肤或尖耳朵，还有些动物的眼睛长在头顶上。这些动物中，有的是直立行走，有的是爬行，有的却可以快速飞行。它们虽然脾气暴躁、具有强烈的畜类特性，但却不会故意伤害人类。它们极有可能是具有高智慧的外星兽类。

外星人和人类有什么不同？

除了巨人型类人智能生物，其他的外星人身材都比较矮小，他们大多在90~150厘米。因为他们的头部都很大，整体看起来极不协调。

外星人的下巴又窄又尖，没有毛发。其眼睛非常大，没有眼珠和眼皮，而且双眼之间的距离较宽；不过有的外星人却有着一

双炯炯有神的大眼睛。这很有可能是种族不同或来自不同星球的缘故。外星人的嘴部要么是一道细小的裂缝，要么就是一个小洞，有的外星人甚至都没有嘴巴。有些外星人有鼻子和鼻孔，有些却没有鼻子，只在面部长有两个小孔。外星人不像人类一样有大大的耳朵，他们的耳朵特别小，你要是不仔细找，还真看不出来呢！

有些外星人有短短的脖子，有的根本就没有脖子，脑袋直接"安"在上身上。他们的胳膊倒是挺长，就跟我们在动物园里见到的"长臂猿"一样，胳膊长得竟然能摸到膝盖。他们的手部也有很大差异，有的长有四指，有的长有五指，还有只长两根指头的，不过那双小脚上却一个脚趾都没有。外星人有的没有生殖器官，有的只有一道细缝，有膀胱，还有一些我们不认识的体内脏器。他们的皮肤有灰色的、蓝色的、棕色的……不过，这不排除可能是防护衣的颜色，皮肤上不见汗毛。

虽然我们觉得他们是那么古怪，但据专家推测，外星人的平均寿命在400年以上，比人类长寿多了。

外星人穿什么样的衣服呀？

光顾地球的外星人的着装多为清一色的连体装，没有纽扣，也找不出一丝缝制的痕迹，都是由整块的特制材料制成的。服装的颜色多为白色、灰色、蓝色、金属色等。虽然他们穿着单

薄，但它们却不怕寒冷。有些目击者说，外星人曾传达过这样的信息：因为他们的身体不会感知温度，所以他们不怕冷，但他们却怕太阳，如此穿戴可以抵御放射线，防止污染。

他们的着装虽然大同小异，不过服装上的饰物却各不相同。有的外星人的胸前有一个反光镜一样的东西，有的外星人的衣服上会有金属十字架、金属板等饰物，还有些外星人会在腰间挂上闪光的装饰物等。有些外星人喜欢戴"头盔"一样的东西，他们就曾将"头盔"戴在地球人的头上过，据戴过"头盔"的地球人回忆，"头盔"很沉，戴上"头盔"好像还能听到地球上某些国家的语言。莫非，"头盔"是一种语言转化器？

快看，外星球的"怪胎"！

在众多的外星生物中，还有一些"怪胎"呢！

1963年，有几位英国人在一片树林中遇到了一种不明生物体。这个生物浑身都是黑黑的，还长着长毛，因为它长有跟蝙蝠一样的翅膀，所以人们称它为"蝙蝠人"。1966年，一对美国夫妇曾见到过一个"不明飞人"，它长有人形，但却长有翅膀。它展开翅膀足足有3米高。1983年的一天傍晚，在苏联一个村庄的上空突然从天上降下一个外星婴儿，他的手指与脚趾间都长有蹼，难道他在水里生活过？

猜猜看

罗斯韦尔事件中的外星人是什么样子的？

在美国空军基地医院解剖了外星人，据解剖专家透露，这个外星人身高约有100厘米，脑袋和眼睛很大，嘴巴、鼻子和耳朵都很小，他的脖子又细又短，手臂长至膝盖处，手指纤细，手指和脚趾间长有蹼。从他尸体里流出来的不是血，而是一种无色液体，还带有一种臭氧的味道。他的体内没有消化器官和生殖器。由此看来，这个外星人很可能是由另一种更高级的外星球生命合成、制造的，并且还被其操控着一举一动。

UFO碎片

去哪儿了？

越来越多的人都说曾亲眼目睹过UFO，但是不一定每次目击事件都是真实的。因为人类对UFO也只是猜测，而且UFO的形状也并不是单一的，所以一些想因此而出名的人往往会编造出一些UFO事件，让人难以判断究竟孰是孰非。不过在众多的UFO目击事件中，还是有一部分事件是有实证的。下面，咱们就去看看这个真实的UFO事件吧！

亲眼目睹UFO降落地球

　　1950年12月的凌晨4点多，美国空军上校威廉·克哈姆和上尉巴·金斯正在得克萨斯州西北上空巡逻时，突然接收到来自空军基地的紧急命令，要他们立即飞往阿比林市，去监视一架进入美国的UFO。

　　两人立即以最快的速度驾机驶向阿比林市的方向。果然，没过几分钟，他们就看见一架不明飞行物从7200多米的高空疾速划过。这个UFO还带着琥珀色的强光，其飞行速度极快，克哈姆和金斯还没来得及看清楚，它已经掠过了他们，朝墨西哥方向飞去。可奇怪的是，UFO原本平稳的机体却忽然倾斜了，在空中旋转了一圈，便坠落到墨西哥境内。上午时，两人向上司汇报了

他们的所见所闻。可空军基地的领导在听完他们的汇报后，却对他们说："当时是我弄错了，那并不是UFO，而是一个发射的火箭，以后你们就不要插手此事了。"

一睹UFO的"尊容"

克哈姆和金斯心想，我们明明亲眼看到了那个不明物体，难道我们还不认识火箭吗？两人商量后，便偷偷租了一架飞机飞往墨西哥。他们凭着丰富的高空经验和印象，很快便找到了不明物体的坠落地点———一片沙地。

此时，许多军人正围在不明物体的周围。两人细细地打量着这

个不明物体。这是一个金属圆盘，直径约有 10 米，在圆盘的上部有一个高约 1.8 米的圆顶，圆顶旁边有个直径约 1 米的大洞，洞口正冒着烟。显然，这个洞是被烧焦的，UFO 很可能是由于这个洞，才坠落地面的。UFO 上没有丝毫铆钉的痕迹，也看不到窗户和支架。至于圆盘内部，就更无从得知了。沙地上有物体划动的痕迹，大约有 100 米，可见，UFO 当时在沙地上滑动了这么远。

当那些军人发现这两位窥视者时，便极力地呵斥了他们，让他们赶紧离开，否则就将他们逮捕。无奈之下，他们只得离开。可就在他们转身之时，克哈姆脚下"咣当"一声响，原来是块白色的金属片，他知道这是从UFO上掉落下来的物质，便趁那些军人不注意，急忙塞进了口袋里，迅速离开了此地。

金属片究竟是什么材质？

这块白色金属片的外表很光滑，本身就会发光，而且还非常轻。金属片呈长方形，约有10厘米长，7.5厘米宽，厚度有2.5厘米，表面画有一些曲线，侧面有上下两排圆孔。

虽然这块金属片很轻巧，并且侧面还有小孔，但它却异常坚固。克哈姆试着用工厂机床、乙炔枪、电钻、利刀来切割它，可非但不能将其割断，甚至都不能在它的表面留下丝毫痕迹。

好可惜！天外证物"飞"走了

克哈姆急于想知道这块金属片到底是什么材质，为何会如此坚固，便将它送到了罗基多的航空实验所。

接待他的博士名叫菲吉，他对这块金属残片表现出了极大的兴趣，向克哈姆承诺会尽快查明金属片的组成，并让他两个星期后再来谈研究结果。两星期后，克哈姆如约前来，可菲吉却没了踪影。原来，菲吉是个冒牌货，他带着那块金属残片逃走了。

好不容易得来、极有可能是UFO实证的天外证物就这样"飞"走了。

猜猜看

为什么空军基地的首领会出尔反尔？

其实，不仅空军基地的首领在真正的UFO出现后会做此反应，其他国家的政府机构在遇到此类情况时，也会做出与之类似的举措。

自从UFO出现后，它便成为人类的一个敏感话题。政府唯恐人们在接触UFO之后，会引起不必要的恐慌和骚动，所以当地球上出现和UFO有关的证据，或者在人们掌握了关于UFO确实存在的证据时，政府都会尽力将这些证据收回。

是UFO害死了恐龙吗?

在2亿多年前,地球上生活着多种多样的恐龙,它们曾经是中生代时期的霸主。可在6500万年前,一代霸主竟然突然从这个世界上绝迹了,给我们留下的只有许多的恐龙化石。而对于恐龙的灭绝原因,人类也一直在探究着,可始终无一定论。下面,咱们也参与到大家的讨论中吧!

恐龙是这样灭绝的吗?

对于恐龙灭绝的原因,在科学界最为盛传的是陨星撞击说。

据科学家推测,在6500万年前,地球上曾经发生过一次大爆炸,这是一颗直径有几千米的行星坠落至地球引起的。正是这突如其来的天灾,导致了恐龙和很多物种从地球上消失了。碰巧的是,在陨星撞击说提出不久,人们在墨西哥一个半岛上发现了一处陨星撞击坑,而且这个撞击坑是在几千万年前形成的。撞击坑的发现无疑为陨星撞击说提供了很好的证据。不过,此时又有人说了:生活在恐龙年代的蛙类、鳄鱼对气温极为敏感,那为什么它们能顶住这场天灾,而当时的恐龙霸主却会因此而灭绝呢?

陨星撞击说的支持者此时都哑口无言了,他们回答不上来这个一针见血的问题。

可怜的 恐龙

　　对于灭绝的恐龙，也曾有人认为是气候的变迁将其推向了灭亡。此说认为，在恐龙年代末期，地球气候骤变，气温急剧下降，身为冷血动物的恐龙，因为身上没有毛发，也没有可以使身体增温的保暖器官，它们最终没有抵御住严寒的天气，最后都被可怜地冻死了。

　　也有人说，恐龙的灭绝极有可能是哺乳动物的大量增加所导致的。在6500万年前，小型哺乳类动物出现在了地球上，并且迅速增加。而这些哺乳动物大多属于肉食性动物，虽然它们无法与庞大的恐龙相抗衡，但它们可以食用尚未孵化的恐龙蛋。随着哺乳动物越来越多，恐龙蛋慢慢被它们吃光了，恐龙也就走向了灭亡。

　　当然，关于恐龙灭绝的说法还有很多，但是这些说法都有纰漏，无法使人们信服。

恐龙蛋化石为何只出现在白垩(è)纪晚期?

中国青年学者程新民发现,在中生代时期的侏罗纪和白垩纪前期是恐龙的全盛时期,可人类却只在白垩纪晚期的岩层中发现了恐龙蛋化石。这究竟是何原因呢?

程新民解释说,此现象很有可能说明在侏罗纪和白垩纪前期,恐龙蛋几乎都是被正常孵化的,所以恐龙蛋很少,或者说几乎没有可能会形成化石。而到了白垩纪晚期,由于某种原因,恐龙蛋不能被正常孵化出来了,而且这种状况还持续了好久。不能孵化出恐龙蛋,哪来新生恐龙呀?最后,恐龙不得不走向灭绝。但是对于恐龙蛋不能正常孵化的原因,人们还尚未找出来。

那是谁的脚印?

在人们找寻恐龙灭绝的原因时,美国得克萨斯州的一位考古学家却意外地在巴拉斯河底发现一处恐龙化石。令他惊奇的并非是这处化石，而是化石旁边的状如人的脚印一样的痕迹。

可是在恐龙年代是没有人类的呀！那这脚印是谁留下的呢？难道是外星人？很有可能。否则在6500万年前，有哪种动物会有像人脚一样的脚呢？如果这真是外星人的脚印，那么在6500万年前，外星人来到恐龙身边做什么？而且就在这个时期，恐龙会突然灭绝。恐龙的灭绝会不会跟外星人有关呢？

外星人来到地球，是在对恐龙进行实验吗？有没有可能是外星人具备高科技，为了维持地球物种平衡，才使用了某种科技使恐龙蛋不能正常孵化，进而使恐龙灭绝呢？

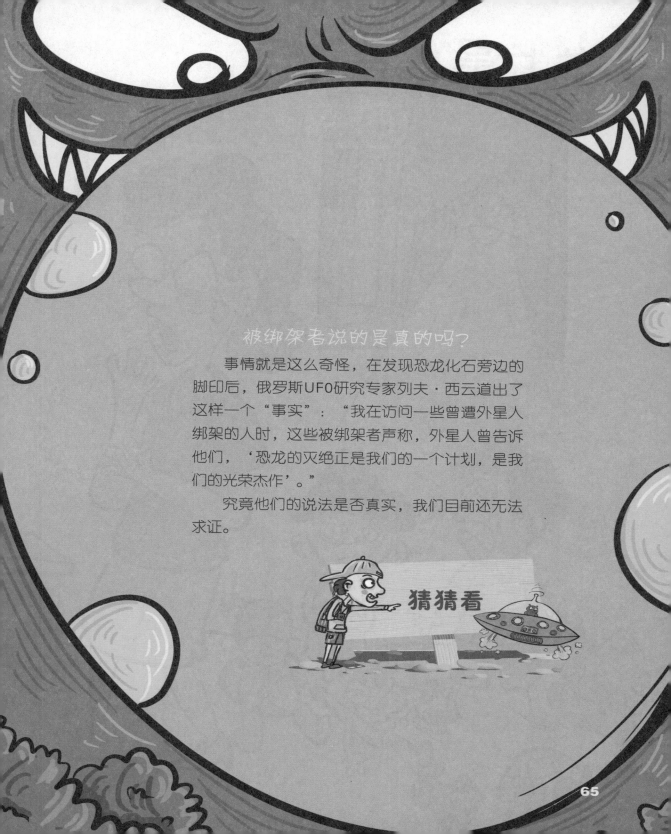

被绑架者说的是真的吗？

事情就是这么奇怪，在发现恐龙化石旁边的脚印后，俄罗斯UFO研究专家列夫·西云道出了这样一个"事实"："我在访问一些曾遭外星人绑架的人时，这些被绑架者声称，外星人曾告诉他们，'恐龙的灭绝正是我们的一个计划，是我们的光荣杰作'。"

究竟他们的说法是否真实，我们目前还无法求证。

猜猜看

世上最离奇的
UFO事件

1967年1月的一天夜晚，美国的一位名叫贝蒂·安德烈森的女人正和家人坐在客厅里看电视。突然间，家里所有的电器都停止了"互作"，一道粉红色强光直射入客厅。没过几秒钟，强光又迅速消失了，房间里顿时漆黑一片。贝蒂准备叫孩子们上床睡觉，可此时她才发现，孩子们就像是电视剧里被点了穴的人一样，定格在了原地。究竟发生了什么事？接下来，咱们就一起去看看这起神秘的事件吧！

外星人的出现

孩子们被定格在那里，让这个手足无措的

母亲顿时慌了神。正在贝蒂使劲儿摇晃她的孩子时，粉红色强光又将房间照亮，几个矮小的外星人突然站在了她的面前。其中一个人走近贝蒂，并伸出右手，用英语说道："亲爱的贝蒂，你好，我叫夸兹嘎，这些是我的同伴，我们来自外星球。"在确认他们是外星人后，贝蒂吓得连连后退。"请不要紧张，我们没有恶意，只是想和你交个朋友。"外星人看起来很友好的样子。

说完，夸兹嘎递给贝蒂一本蓝皮小书。此时的贝蒂稍稍舒缓了一下，她想，可能外星人想和自己交换书籍，便从桌上拿起一本圣经递给了他。夸兹嘎拿到书后，随意一翻，那一本圣经竟变成了五本。他将这五本书发给了几个同伴。贝蒂拿起蓝皮书看了起来，但是上面都是一些古怪的图案，她根本就看不懂。

外星人的飞船

后来，外星人告诉贝蒂，要让她配合他们做一项"重大实验"。还没等贝蒂开口，她的身体已经随着外星人穿过屋子飘到了院子里。

院子里有一个椭圆形物体，底部是透明的，所以能清晰地看到其内部。夸兹嘎说那是他们的飞船，也就是地球人口中的飞碟。他们可以利用飞船在星际空间航行。此时，贝蒂突然想起来刚才她曾在那本蓝皮小书上看到过这种图案。

后来，夸兹嘎向贝蒂一招手，他们便"飞"进了飞船内。

这是在做身体检查吗？

进入飞船，夸兹嘎对贝蒂进行了全身消毒，他说这是为了避免她将地球上的病菌带到他的星球。随后，贝蒂换上了一套白色

衣服，来到了一个高大的拱形舱室。夸兹嘎请她躺在一个长方形的平台上，要对她做视力检查。他把一根弯曲的银针插入贝蒂的鼻孔中，贝蒂疼得直叫唤。此时，只见夸兹嘎的双手在贝蒂上方一挥，她的疼痛感立即消失了。夸兹嘎拔出银针，带出了一个绿豆大小的白球和网状物。

这时，有只"巨眼"又对贝蒂进行了一次全身"扫描"。"扫描"结束后，夸兹嘎又用手轻轻一挥，贝蒂便一下从长方形平台上飘落下来，站到了地上。

这灰色的液体是什么呀？

后来，贝蒂换上了自己的衣服，又被夸兹嘎带进一个圆筒形舱室。

贝蒂被示意坐在一把用玻璃罩完全罩住的椅子上，夸兹嘎将玻璃罩打开，把两根管子插进她的嘴里和鼻孔中后，又将玻璃罩再次罩住。这时，玻璃罩里突然流出了一种灰色液体，而且越来越多，贝蒂的全身都浸泡在灰色液体里。过了一会儿，玻璃罩和

贝蒂一起开始颤动，颤动过后，贝蒂觉得全身简直舒服极了，特别轻松。此时，灰色液体都被排出去了，夸兹嘎喂了她一些美味的甜汁。

外星人对贝蒂的身体检查终于结束了，贝蒂长嘘一口气，走出了玻璃罩。不过，令贝蒂纳闷的是，她被浸泡的身体和衣服上，竟然没有沾染一丁点儿灰色液体，真是一种奇怪的液体。

参观UFO

检查结束后，外星人友好地带贝蒂参观了飞船。飞船内有许多用特殊材料建造的房屋，还有许多从未见过的、千奇百怪的绿色植物，而且还有一片雾气腾腾的湖泊呢！贝蒂心想：这哪里是飞船吗？分明就是一个小"地球"。

参观结束后，夸兹嘎死死盯住贝蒂

的双眼，对她说："亲爱的贝蒂，你需要停止思维。"即刻，贝蒂便觉得头晕目眩。不知又过了多久，贝蒂隐隐约约地看到了自己家的墙角，外星人将她送回了家中。

回到家中……

在贝蒂家的客厅里，外星人将毫无知觉的孩子们送回卧室睡觉。另一个外星人对贝蒂说："你要仔细看看我们给你的那本蓝皮书，尽量要看明白。"然后，他把贝蒂送到卧室，让她躺下休息，并告诉她，要将今晚的事情彻底忘记。贝蒂躺好后，这个外星人用手在她的头部上方轻轻一挥，贝蒂便睡着了。

第二天，贝蒂醒来后全然忘记了昨晚发生的事情，但依稀记得好像有人来过自己的家中。当她看到桌上的那本小蓝皮书时，她更加确信了自己的感觉。

猜猜看

贝蒂是怎么想起这些事情的？

从那晚之后，贝蒂经常躁动不安，总感觉好像有什么东西一直在困扰着自己。她为了摆脱这种痛苦，只好求助于美国UFO研究中心主任海尼克博士。博士在对她实施了"催眠回忆法"之后，她才将那晚的离奇事件回想了起来。

这件事听起来很荒唐，可它的确发生了，那本蓝皮小书就是很好的见证。只是，蓝皮小书中的许多奇怪符号，至今还没有被破译。

倒霉的
一家三代！

到目前为止，曾出现过许多起外星人劫持地球人的事件。这些被劫持的人说，外星人在劫持他们后，会对他们进行各种体检，还会消除他们的记忆。在这么多被劫持者中，有一个家庭是不幸的。这个家庭的一家三代都曾遭遇过外星人的绑架。这是偶然还是外星人的预谋？他们为什么要选中这个家庭呢？接下来，我们就一起去看看被劫持的这一家三代人吧！

什么？一个人竟遭遇了四次绑架？

居住在印第安纳州的卡绪曾四次遭到外星人的绑架，被绑架的时间是1972年、1975年、1978年和1983年。外星人在这几次绑架中，对卡绪消除了记忆。不过，在经过催眠后，卡绪都一一记起了这几次的遭遇。

1972年，卡绪是在底特律旅行时被几个大眼睛、矮小的外星人绑架的。他们在绑架了她之后，对她进行了身体检查和采样，并且还在她身上留下了一个圆形伤痕。在她结婚前后，她又被外星人绑架了两次。最后一次是在1983年6月底的晚上，UFO出现在了卡绪家的院子里，正在家里的卡绪和母亲都失去了2小时的记忆。

是圆形伤痕惹的祸吗？

外星人为何总是对卡绪"下手"呢？究其原因，很可能是卡绪母亲的缘故。

1943年12月的一天，正在肯塔基州生活的卡绪的母亲——玛丽，就曾意外地遭到了外星人的绑架，并且身上还留下了一个圆形伤痕，和卡绪身上的伤痕一模一样。从那以后，玛丽几乎每天晚上都被噩梦吓醒，而且每次噩梦的内容都大致相同。梦中总会出现一个不明物体，而且还一直紧追着她。

除了这对母女经常遭到劫持之外，她们的家人也曾有过类似遭遇。罗拉在17岁时曾目击过UFO，此后，她失去了2小时的记忆。1983年，卡绪的姐夫罗爵在山林中的一间小屋里也曾看到过UFO，之后，他也丢失了几个小时的记忆。

外星人怎么连小孩都不放过？

外星人劫持大人也就罢了，可是他们连小孩子也不放过。

卡绪离婚后，和她的两个儿子罗比和汤米生活在一起。1983年年底的一个夜晚，一群矮小的外星人闯入卡绪的家中。外星人用心灵感应的方式和年仅4岁的罗比说："我们要和你的弟弟汤米一起玩。"罗比听后，吓得哇哇大哭……

1984年1月的一天夜晚，小汤米的鼻孔开始无缘无故地出血。卡绪带汤米去医院检查后发现，汤米的鼻孔里竟然有个细小的伤痕。卡绪想到去年外星人的那句话，又回想起自己被绑架时，外星人曾将一个针状装置插进了自己的鼻孔，这时的她明白了，汤米在那天夜里很可能遭到了外星人的绑架。

猜猜看

外星人对姆第做了什么？

　　1975年8月的一天凌晨，美国空军士兵查尔斯·姆第正在观测流星雨时，突然发现有一个发光的碟状物降落下来。

　　姆第觉得事有蹊跷，便迅速跳上一辆汽车，不过汽车根本无法启动。不知为何，姆第的四肢顿时动弹不得，全身瘫痪了。之后的事情他就全然不记得了。也不知过了多久，姆第醒来了，那个碟状物早已消失。奇怪的是，姆第的瘫痪治好了，汽车也可以行驶了。可是，就在姆第回家后的第二天，他的后背疼痛难忍，腿上也出现了许多"疱疹"似的水泡，而且，医生对他的病情也都束手无策。

　　后来，医生对姆第进行了"催眠疗法"，他终于回想起了那天的经过：一个外星人向他的背部刺进去一根杆状机械，瘫痪便治好了。之后，他又被一个高个儿外星人拉去做了全身检查。他现在的病情很可能是那次检查所导致的。

神奇光线
是福还是祸？

在众多目击UFO的事件中，大多数目击者声称，UFO出现时，经常会伴随有神奇的光线。这些光线的颜色不尽相同，有绿色、粉红色、白色、蓝色……令人奇怪的是，这些光线有时会伤害人，有时却能为人治病疗伤。究竟这些神奇的光线对地球人而言，是福还是祸呢？人们还无法界定。下面，就一起去瞧瞧这些神奇光线带给人类的福和祸吧！

神奇光线带来的福音

　　1974年3月的一个夜晚，居住在美国俄亥俄州的嘉基·布史夫人和孩子们正在家里看电视。忽然间，原本正常播放的电视画面出现了嘈杂的雪花。布史夫人鼓捣了一会儿，可电视画面依旧如此。她想，电视一定是出故障了，她便先安顿好孩子们，然后自己也去睡觉了。

　　布史夫人关掉电灯，屋内漆黑一片。这时，屋内突然出现一道耀眼的强光，而且还正好照在她的脸上。不一会儿，光线又消失了。随即，屋外传来沉闷的巨响。布史夫人走到窗前，她看到一架飞碟正悬在夜空，而且还散发着闪烁的白光，白光中又夹杂着一缕缕红光。没过多久，飞碟就飞远了，直至消失不见。

　　一个多月后，布史夫人突感

头痛，眼睛也不停地流泪。奇怪的是，这种症状出现后没几天便又消失了，而且，布史夫人30多年的近视眼，还有长期的胃病和甲状腺也全都不治而愈了。

能治愈百病的UFO光线

1988年12月的一天，土耳其的马尼萨市上空突然出现了一个碟状UFO，而且还闪着绿色光线。"怪物"的光顾，引来众多的市民前来观看，有些人还拍了照片。UFO在这里停了1小时左右便消失了。就在此事发生不久，令人意想不到的事情发生了：在这次UFO的目击者中，22名被疾病缠绕的患者却神奇般地痊愈了。耳聋患者恢复了听力，失明患者重见光明，靠氧气袋维持生命的女孩也不治而愈。除了这些UFO目击者，还有一些被UFO光线照射到的人也奇迹般地重获健康。

据一位女士透露，当UFO的绿光通过窗户照射到躺在床上的

她的丈夫身上时，丈夫原本毫无知觉的双腿和手指渐渐有了感觉，过了一会儿，他便能自己下床走路了。

还有一位瘫痪病人说，当时，绿光也只是从他身上一闪而过，可是在UFO出现后的第二天，他却恢复了正常，又能下地走路了。

一些知名医生在对这些事情调查后，一致认为降临到这些患者身上的"福祉"都是UFO绿光的功劳。

会吸人血的光线好恐怖

UFO光线不仅可以给人类治病疗伤，有时也会给人类带来灾难，甚至丧命。

1981年10月的某天傍晚，巴西的费雷拉和阿维尔·博罗正在帕讷拉马小镇的森林里打猎时，突然发现空中移动着一个不明发光体。他们看得很清楚，肯定那绝不是流星。后来，发光体越变越大，而且越来越亮。那东西离他们越来越近，终于可以看清

楚了，那是一个像卡车车轮一样的飞行物，浑身散发着强光，将昏暗的森林照得亮如白昼。

此时正蹲在树上的费雷拉被吓得从树上摔了下来，可能是被吓得太紧张了，一掉下来，他便仓皇而逃。阿维尔却被那发光体的光线击中了，仰面倒在了地上。

第二天一早，当费雷拉得知阿维尔并没有回家，便和阿维尔的家人一起来到昨晚的事发地点。他们没看到飞行物，倒是见到了躺在地上的阿维尔的尸体。只见，阿维尔脸色苍白，全身的血几乎都被吸光了。

为什么有些UFO光线会救人，有些却会伤害人呢？

对于这个问题，目前UFO的研究者还未给出一个确切答复。不过，我们可以凭借自己的想象来"回答"这个问题。

这个问题和"外星人的长相为何不同"很相似。外星人的长相不同很可能是因为他们来自不同的星球，或者他们并不是同一种族。UFO若是来自不同的星球，他们对地球人的"态度"应该也会有所区别。一些友好的UFO可能就不会向地球放射出伤害人类的光线，相反，它会放射出对地球人有益的光线；而那些对地球怀有敌意的UFO则会放射出伤害地球人的光线。

猜猜看

要论

军事实力，英国和
美国可谓是世界上的佼
佼者。可是，地球上的
军事大国在UFO的
面前，简直是不堪
一击，它们在UFO的
"眼"里，就是一个玩具。历
史上，UFO就曾经多次戏耍过英国和美国的空
军，多次与这两国的高端军事飞机周旋。它们为什么要这么做呢？
难道是为了向地球人炫耀自己的高科技吗？UFO的神出鬼没真是
令英、美空军无可奈何。下面，咱们就去看看UFO是怎样戏耍
英、美空军的吧！

UFO是在炫耀自己的威力吗？

　　1978年10月18日，美国空军劳伦斯·科因中尉和三名同伴正
驾驶着直升机飞往克利夫兰。在到达曼斯菲尔德上空时（距离地
面750米），他们发现一个不明飞行物正以难以想象的速度飞向直
升机。科因中尉担心与其相撞，即刻将直升机降低了200多米。

　　可此时，
不明飞行物已飞
至跟前，眼看就要撞上直升
机了，机组人员只能听天由命。谁知，飞行
物在离直升机150米左右时却突然停住了。机组人
员长吁一口气，仔细打量了一下这个飞行物：它的外形呈流
线形扁雪茄状、长大约有18米，其前部和后部分别装有红、绿灯，
中间有个圆盖。科因中尉突然反应过来了，这不就是UFO吗？

　　他想用无线电发出求救信号，但无线电装置却突然失灵了。
此时，直升机正在迅速上升，好像受一种强大的抬升力支配着一样。直升机在几秒钟内就被提升了近500米，不过，他们并没有因为高度的增加而感到呼吸困难。直升机到达上空1000米处时，突然轻轻弹跳了一下，UFO便飞走了。此时，无线电装置也可以正常使用了，危机解除了。

UFO是在护航吗？

1965年2月5日的1点钟（东京时间），来自美国的一架班机在飞向日本的途中，雷达屏幕上突然冒出了三个急速行驶的巨大物体。还未等机长细想，一道红光从班机的左侧疾速闪过，转眼间，三个巨大的不明飞行物已近在眼前。它们组成了紧密的队形，以惊人之速向这架班机俯冲过来。

驾驶员立即转弯躲避，就在三架UFO与班机就要相撞时，UFO突然改变了航向，并且减慢了速度，与班机一起并肩前行。几分钟后，UFO又跟在了班机的身后。机长本想让地面派出喷气式战斗机来消除隐患，可又觉得喷气式战斗机也不是UFO的对手，如果到时候再激怒UFO，后果将不堪设想。好在，那三架UFO与班机并行后不久，便向远处飞走了。

地球的飞机能拦住UFO吗？

不仅美国空军遭遇过此事，英国空军也曾受到过UFO的侵扰。

1956年8月13日9时30分，英国空军雷达员本特·洛特斯从雷达屏幕上监测到一架UFO正以每小时几千千米的高速行驶。这架UFO飞到海面上空时停了下来，其身后还紧跟着一组物体。这组物体成串进入UFO"腹中"后，便一起消失了。

雷达监视器上还显示，当时上空共有十几个UFO，有一个UFO的飞行速度竟然超过6500千米／小时。这架UFO不仅飞行速度惊人，而且还可以及时改变方向，拐着弯地长期飞行。我们刚刚启动飞机后，需要有一个慢慢加速的过程，可是这个UFO却可以从静止状态瞬间变为高速行驶。

英国空军总部立即派出两架喷气式战斗机进行拦截，可英军飞行员在事发空域找寻了好久，都没有找到UFO的踪迹。这两架喷气式战斗机返航不久，在另一架战斗机上的雷达装备中又发现那个巨大的UFO，不过，这次UFO并没有纠缠这架战斗机，很快它就飞得没影了。

猜猜看

快看！UFO竟然吞掉了一架飞机

1955年3月6日，美国某个基地的一名空军飞行员遇见了一桩史无仅有的奇事。

飞行员正在驾驶飞机飞行时，在他的前方突然出现了一个既有鱼形又有蜘蛛形状的UFO。只见UFO张开了它的大口，正在吞没驾驶在前方的喷气式轰炸机。当它的"大口"合上的瞬间，那架奇形怪状的UFO也顿时消失得无影无踪。

地球上的军事强国几乎拥有地球上最好的军事装备，但在UFO面前，却是"小菜一碟"。如果地球人真与外星人发生摩擦的话，我们又该如何应付呢？

你们打吧，我看着

第二次世界大战无疑给人类带来了莫大的痛苦，就在地球人自相残杀时，来自外星球的生命却在默默地"观摩"着战事的发展。他们要是参与其中，这场战争会越发激烈，还是会被其制止呢？下面，咱们就一起翻阅一下那一份份的军事档案，去看看"二战"时那些神秘的"观战者"吧！

这是德国发明的新型武器吗?

  1942年3月25日,英国空军在夜袭德国城市埃森后,便迅速飞到了5000米高空,离开了德国领空。机组人员刚想松口气时,一个后机关炮手突然向机长罗曼·索宾斯基报告了一个消息:有一个不明飞行物正在跟踪这架飞机。

  机长以为那可能是跟踪他们的德国空军驱逐机,可炮手却说那个东西不像是飞机。不一会儿,那架不明飞行物跟上了他们,还散发出耀眼的橘黄色光芒。机长觉得这东西很新鲜,下意识地认为这可能是德国人制造出的新武器。等到不明飞行物距离飞机不到150米时,他命令炮手向其开火。

  虽然有上百发炮弹都射中了目标,可不明飞行物却毫发未伤,照样跟随着他们。机组人员这会儿害怕了,德国发明的这东西太厉害了,如果它反击的话,这架飞机岂不是会葬身火海吗?

  正当他们为此紧张之时,那架不明飞行物却突然垂直而上,以难以置信的速度飞走了。

就想玩玩你！

1942年3月14日17时35分，德国一个秘密基地的雷达上出现了一架不明飞行物。德军立即派费舍上尉驾驶M—109G型飞机前去拦截。费舍上尉在3500米高空如愿跟上了这架不明物体。这架不明飞行物约有100米长、15米宽，由一种特质金属制成，浑身还发着亮光，它没有机翼，前端有两根"天线"。不明飞行物就好像在跟飞机玩耍一样，它一会儿飞到飞机前面，一会儿又跑到后面……就这样"玩"了几分钟后，它突然疾速升高，"噌"的一下便消失了。

费舍上尉找不到不明飞行物的踪影，地面雷达上也没有任何显示。费舍上尉虽然见过无数的战机，但是对于具有如此高速度的飞行物，他还是第一次碰到，许多德国空中军事专家对这一现象也无法作出解释。

"无翼飞船"是不是UFO？

1943年10月14日，美国空军派出了两架重型轰炸机对德国城市施韦因富特进行空袭。遭到盟军空袭，当时进行护航的还有130架美国和英国歼击机。

817轰炸机上的英国少校R.T.霍姆斯在进行完此次任务后说："当817轰炸机正在目的地上方开始发起攻击时，一些与817轰炸机大小差不多的、发光的大圆盘突然都集中向轰炸机靠拢。当时地面上的无数高射炮也向空中进行扫射，再加上我们也对这架'无翼飞船'进行疯狂射击，可是这些大圆盘既不躲藏也不反击，轻轻松松地从美国轰炸机方阵中穿越而过，飞远了。"

听完霍姆斯的汇报，英国的军事专家猜测，"无翼飞船"也许是德国人最新研制的秘密武器，不过霍姆斯少校却不这么认为。1944年初，英国情报在经过几个月的调查和研究后说，"无翼飞船"是世界上任何一国的空军装备都无法企及的，它们是UFO。

比比比看，看谁跑得最快？

1944年11月23日22时，美国空军的两架歼击机正在英国南部的基地上空巡逻，两个驾驶员E.舒勒特和F.林格瓦尔德中尉突然发现，一个庞大的飞行大队突然从空中一闪而过。这个飞行大队由10个明亮的大圆盘组成，其飞行速度之快令人咋舌。

这两个驾驶员立即开到了最大马力前去追踪那个飞行大队，其飞行速度高达730千米/小时。追逐了一会儿后他们发现，歼击机和那些大圆盘相比，简直就是一只蜗牛。13分钟后，歼击机与圆盘的距离越来越远。一直在地面监视雷达显示的一个中尉计算出，圆盘的速度至少是歼击机的5倍。即使再怎么努力，也是无法跟上大圆盘的。无奈之下，歼击机只好返航。

UFO气得德国空军团团转

1943年12月，德国空军向世界炫耀，他们研制出了当时世界上速度最快的飞机——Me-262，它一小时能飞行925千米。在当时，这一飞行数据的确是世界上的最高值，德军也因此而沾沾自喜。

可当年的12月18日11时45分，德军设在好几座城市的雷达上都相继出现了一大群圆筒形物体，它们的速度竟能达到3000千米／小时。德军误以为这些高速度的飞行物极有可能是对手新研制的新型战斗武器，而自己国家的Me-262飞行速度还不到人家的1/3，这一发现可气坏了嚣张一时的德军。殊不知，那个圆盘状的物体是UFO。

猜猜看

怎么着吧？我就是喜欢比利时！

从世界上这么多目击UFO的事件中可以看出来，发生在比利时的UFO事件为数不少。仅在1989年11月到1990年5月这短短的几个月中，比利时就发生了多起UFO目击事件。目击人数多达13万人，其中近3000人都提供了书面记录。另外，北大西洋公约组织的雷达也监测到了它们。为什么UFO热衷于比利时呢？它们频繁出没于此又有何目的？接下来，咱们就一起去听听那些目击者是怎么说的吧！

啊？一个月就要来两次？

1989年11月7日20时30分，有两位宪兵正在比利时的斯纽克斯巡逻。突然，一架巨大的飞行物出现在了夜空，而且还散射出红绿色的强光。两位宪兵称，他们从未见过这种东西，两人惊呆地盯了它足足有5分钟，直至它消失。

此事过去3个星期后，一位司机在奎迪内斯与梅洛斯之间的公路上，发现了一架发出红光的三角形UFO。几乎就在同时，比利时有些城市、乡镇和村落，还有在德国和荷兰的边境生活的居民都目击了这一景象；17时45分，有人在乌彭、蒙歇尔近

郊的上空，也目击到4个碟状UFO，它们向东北的孟巴奇方向飞走了；18时，有一个发白光的碟状UFO从乌彭铁路的上空飞过。与此同时，孟巴奇村上空也出现了一架发出闪光的UFO；19时，有人在拉·卡拉曼的北部上空看到一架UFO，它的4个探照灯射到地面上，像是在探查什么东西似的。

想给UFO拍个照都难

1990年3月31日，UFO又再次光顾比利时，有三位男子在首都布鲁塞尔目睹了UFO。31日晚，这三位男子亲眼看到一架三角形的UFO出现在了首部的东南夜空，并且还在他们头顶上慢慢飞了过去。其中的一个男子迅速拿起相机，连续按下四次快门，想给这罕见的UFO拍张照片"留念"。等照片冲洗出来，这三人失望透了，发出强光的UFO连个影子都看不见。

这相机没有毛病，胶卷是ISO1600的高感光度胶卷，用这种胶卷都能十分清晰地拍摄出高空飞行的飞机航空灯，为什么却拍不了具有强光的UFO呢?最后，物理学家梅森博士给出了他们答案：这很有可能是UFO发射了某种辐射光线的缘故。

想追上我? 没门儿！

1990年3月30日，也就是那三位男子目击到UFO的前一夜，比利时军方的雷达、北大西洋公约组织的雷达等都曾捕捉到清晰的UFO图像，它在以50千米/小时的速度前行。31日0时5分，空军总部派出两架搭载导弹的喷气式战斗机前去拦截。

第一架战斗机安装有一台普通雷达和一台扫描180度范围的蔡斯雷达；第二架战斗机的主要任务是与中心保持通信联络。当两台雷达捕捉到UFO时，两架战斗机根据屏幕上UFO变化的位置迅速追击。终于，战斗机离UFO越来越近了，飞行员准备连续捕捉目标6秒后，再向其发射导弹。可UFO像是知道飞行员的心思似的，它在1秒之内便将速度由280千米/小时猛然提到1800千米/小时。由此可以更加肯定，那的确是UFO，而且它的驾驶者肯定不是人类。

正当飞行员为其速度变化之快而吃惊时，UFO又从3000米高空落到了1700米，紧接着，又瞬

间降至200米以下。战斗机哪能做到这一点，此时的UFO已完全甩掉了雷达和战斗机的追踪。0时30分，战斗机上的雷达又出现了那架正以1370千米/小时的速度飞行的UFO，战斗机马上进行追踪，但马上就失去UFO的踪迹了。9分钟后，UFO又出现在了布鲁塞尔西南上空3000米处，战斗机马上进入追踪状态，可最后又以失败而告中。

不明飞行物是美国的F117A隐形机吗？

在这次三次追踪UFO的事件之后，有人对UFO的"身份"表示怀疑，甚至有人说，不明飞行物是美国的F-117A隐形机。的确如此吗？

F-117A型飞机虽然可以在超低空飞行，但它的最低速度也不会小于270千米/小时，可这个UFO却可以达到40千米/小时的速度。而且它还可以在一秒钟内将时速迅速提高1500多千米，而F-117A型飞机是完全做不到这一点的。后来，美国大使馆还为此发电报给比利时空军：美国的F-117A型飞机从未在那个空域飞行。

其他关于不明飞行物的可能性也都被一一推翻，最后可以确定，它的确是UFO。

猜猜看

七嘴八舌，UFO的基地到底在哪里？

既然有如此多的UFO频频光顾地球，那这些UFO是从哪里来的呢？它们是不是建有UFO基地呢？那它们的基地又在哪里呢？目前，关于UFO基地的问题有种种猜测。有人说UFO基地在地心，有人说在深深的海底，有人说在遥远的月球上，还有人说在火星上……他们为什么这么说呢？有什么依据吗？下面，我们也随着他们的思维，加入猜测的队伍中吧！

UFO基地在地心吗？

　　曾任美国海军少将的拜尔德将军在一本日记中，记载了1947年他驾机探访地心飞碟基地的全部经过。

　　1947年2月19日，拜尔德将所有通信设备准备就绪后，便从北极地区的某一基地出发，开始向北飞行。在奇特的因缘下，他进入到了地球内部。在那里，他看到了郁郁葱葱的山谷，

潺潺流动的溪水、碧绿的青草……除此之外，他还见到了地球上早已绝迹的猛犸。不过，这里却没有阳光。这里的光亮，来自于一种奇特的光线。

又飞了一会儿，一座闪光的城市出现在他眼前。此时，飞机被一股强力吸引到了"地面"上。机载无线电里传来带着德语口音的英语"欢迎将军光临"。几分钟后，几位高大、皮肤白皙、金发碧眼的人迎上来，将他带入一间华丽的房间。那些人说这个地下世界叫"阿里亚尼"，这里的科技要比地面先进几千年。他们一直在关注着地面的形势，这次邀请将军来到这里，就是想让他告诉人类，因为核武器的使用，人类可能会自我毁灭。

27分钟后，拜尔德已安全返回基地。他对长官汇报完此事后，长官命令他严格保密此事，身为军人的他必须服从命令，只能守口如瓶。

海底真有UFO基地?

一些科研人员提出了这样一种假设:几万年前,文明古国亚特兰蒂斯因为战争和洪水沉入大西洋海底,原本居住在亚特兰蒂斯的大西国人便开始了海底生活,并且建立了基地,UFO就是他们的后裔来地面上视察的工具。

1902年,一艘英国货船正航行在几内亚海域,水中突然出现了一个巨大的怪物,它足足有70米长。不多久,它便静悄悄地潜入水下,消失了。

1990年3月的一天,一条60米长的油船正在斯里兰卡的马他拉港的海面上行驶时,一个足有油船5倍大的怪物突然出现了。与此同时,一道银光突然从海底射出,让船员们备感难受,纷纷蹲在了甲板上。此时,船上的所有仪器全部失灵。怪物在油船周围逗留了一刻钟后便隐没在海里了。它走后,所有的仪器又恢复了正常。

火星上有生命吗?

火星上有生命存在过吗?

科学家在对火星和金星考察后发现，在很久以前，火星和地球的自然环境极为相似，当时的火星上很可能存在有生命。后来火星的自然环境不断恶化，便成了现在的样子，现在的火星已不具备生命存在的条件。

1976年，"海盗一号"和"海盗二号"拍摄到了一些火星上的照片，照片上有许多石头人像和金字塔等废墟。人们推测，这可能是曾经居住在火星上的人建造的城市。后来，科学家又发现火星上有水，它上面的水足可以填满一个10～100米深的海洋。而且，火星现在仍在发生着变化，并且这种变化和地球上的变化很相似。

于是人们便设想：火星表面没有生命，那火星地下会不会有高级智能生命存在呢？

火星人为什么要跑到地球上生活？

1987年，6位科学家在非洲的一个原始森林里遇见了一个自称是火星人后裔的原始部落。这些"火星人后裔"有着黑黑的皮肤，白色的眼睛，不过没有眼球。"火星人后裔"不仅接待了他们，还向他们展示了一艘半月球飞船残骸。这个飞船呈银白色，但却锈迹斑斑。"火星人后裔"说，当年，他们的祖先就是乘坐这个飞船到达地球的。

"火星人后裔"用流利的英语和瑞典语告诉科学家，1829年，为了躲避火星上爆发的特大瘟疫，25名火星人便乘坐飞船到达地球，并且在这里定居。现在飞船破损了，他们也无法再回到火星。现在的"火星人后裔"是一个仅有50人的小部落。科学家又参观了部落里的建筑。这里的房屋和其他设施，乃至工具多半都是圆形的。

科学家临走前，"火星人后裔"还向他们展示了古老的的太阳系和火星的详细地图。

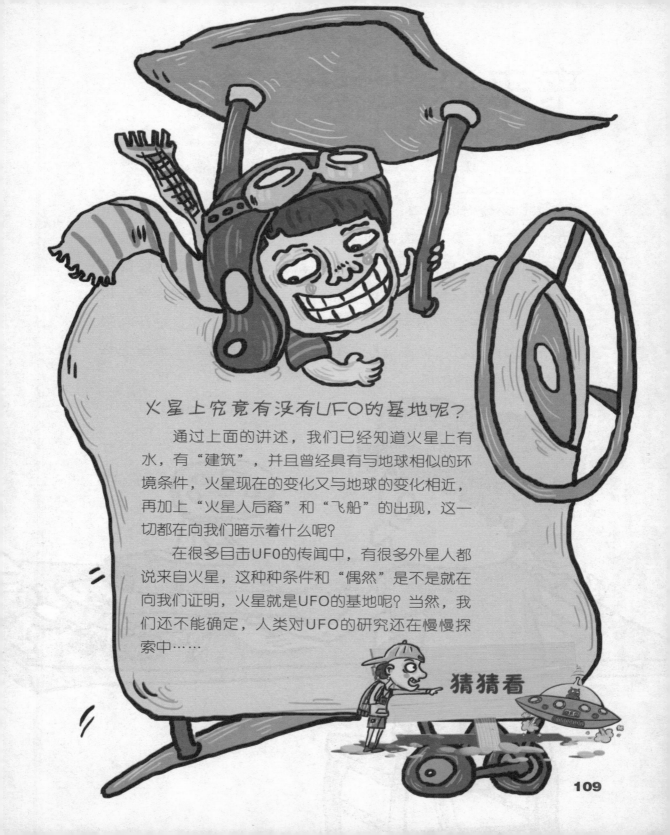

火星上究竟有没有UFO的基地呢？

通过上面的讲述，我们已经知道火星上有水，有"建筑"，并且曾经具有与地球相似的环境条件，火星现在的变化又与地球的变化相近，再加上"火星人后裔"和"飞船"的出现，这一切都在向我们暗示着什么呢？

在很多目击UFO的传闻中，有很多外星人都说来自火星，这种种条件和"偶然"是不是就在向我们证明，火星就是UFO的基地呢？当然，我们还不能确定，人类对UFO的研究还在慢慢探索中……

猜猜看

来来来！把地球介绍给外星人

　　UFO频频光顾地球，让地球人"大开眼界"，那我们能不能也向外星球发送一些具有地球特色的东西呢？诚然，我们目前还不能制造出像UFO一样的星际交通工具，但是人类已经能进入太空，我们可以将具有地球信息的文字或者图片送到太空，说不定这些文字或图片就会飘落到外星球呢！近几十年，地球人就多次向外太空发送过地球信息。下面，咱们就去看看人类是怎样向外太空介绍地球的吧。

"地球名片"跑哪儿去了？

20世纪70年代，美国在发射的"先驱者10号"和"先驱者11号"行星探测器上，都携带有一张特制的"地球名片"，这是地球人首次向外太空送去的地球信息。

这张"地球名片"长23厘米，宽15厘米，是个带有图案的铝盘。铝盘上画有太阳系，并标示着地球所在的位置，除此之外，还画有距地球最近的脉冲星的位置和周期，以及先驱者号的飞行路线等。据估计，"地球名片"至少可以在星际空间保持亿万年。

"先驱者10号"经过两次失踪后，2002年，科学家又发现了它的踪迹，它仍在进行着正常运转。不过，2003年1月22日，"先驱者10号"终于还是与地球失去了联系，只是，不知它所携带的"地球名片"去向了何方……

电报上都写了什么？

1974年11月16日下午，也就是先驱者计划实施两年后，科学家又用它向外太空发送了地球信息，这是一份长达3分钟的电报。

电报中有1679个信号，都是用0和1的二进制符号表示的。1679是23与73的乘积，如果外星人真的接收到这份电报，那他们应该能排成一个73x23的长方形。电报的内容大致是："我们是来自地球的人类，我们认为重要的原子有：氢、碳、氮、氧……生命遗传物质是DNA，它的基本组成物的化学式是……DNA分子具有双螺旋结构……地球人高约176.4厘米……人口超过40亿……太阳系总共有9个行星……您的忠实朋友。"科学家将这份电报发送到了距离地球2500光年以外的武仙座星团。

发往外星球的金唱片

除了向外太空发送名片与电报之外，1977年8月20日和9月5日，美国又分别在发射的"旅行者1号"和"旅行者2号"两艘宇宙飞船上，携带了一张直径为30.5厘米、名为"地球之音"的镀金的钢制唱片。

金唱片和一个磁唱头，一枚钻石唱针一起装在一个特制的铝盒中，铝盒上刻有使用说明。由于星际空间的腐蚀率特别低，所以金唱片至

少能在宇宙中保存10亿年，而且还不会改变音质。金唱片中还有一段当时的联合国秘书长的录音和一份美国总统签署的电报。

联合国秘书长录音的大致内容是：我们来自于地球，是宇宙中的一小部分，我们进入宇宙是为了寻找和平，并想与你们建立深厚的友谊。

总统的电报内容的大意是："旅行者"号是我们美国发射的，我们是地球上众多国家中的其中之一。地球上有40多亿人口，如果你们收到了这个金唱片，请你们收下并好好研究一下，以此来更好地了解地球。我们希望能和你们一起联手，建造一个文明的大家庭。

金唱片里还有什么？

金唱片里除了那些简短的录音和电报，更多的则是关于人类和地球的大量信息。主要包括：116幅图片、35种地球自然界声响、27首世界名曲和55种地球问候语言。"地球之音"装着地球人与外星球沟通、交流的梦想，但愿它会早日被外星人捕获。

图片：太阳系的方位图、地球、太阳、水星、火星等星球的照片；男人、女人的轮廓图、动物生殖图片；世界著名建筑照片；数学、物理学、化学等学科的图表；进入太空的宇航员和宇宙飞船的照片；飞机、火车的照片等。

自然界的声响：各类动物的叫声（包括人类的声音）；飞机、火车、轮船的声响；火山爆发和地震的声音等。除了来自自然界的声音，还有极少数模拟的声音，比如行星运行的声音、脉冲星产生时发出的声响等。

那27首名曲是不同时代、不同地区、不同民族的歌曲。55种问候语包括英语、汉语、法语等。

猜猜看

为什么要将电报发送到武仙座星团？

人类之所以将电报发送到武仙座星团，主要有两个原因。

一是因为它距离地球较近，人类可以极为准确和快速地将电报发送到那里；二是因为在这里，信号被接收的可能性比较大。

武仙座星团包含数十万颗恒星，在它的中心周围聚集的恒星比太阳周围还要多500倍，只要这数十万颗恒星中有一颗恒星具有智慧生命，并能操控大型射电望远镜，那么它就很有可能接收到这份电报。如果它会给出回复，地球人在5万年以后便很有可能接收到。

外星人的
肉好吃吗？

　　许多被外星人劫持的地球人都说，外星人可厉害了，他们的科学技术非常发达，地球人完全不是他们的对手。可是有些地球人却不以为然，谁说外星人厉害呀？我们还吃过他们的肉呢！这是真的吗？地球人竟然会将外星人杀死，并且还会吃掉他们的肉？真是不可思议！那外星人的肉好吃吗？是什么味道呢？接着往下看，你马上就能见到这"残忍"的一刻了！

外星人来地球做什么?

1936年的一天，一个散发着银白闪光的UFO降落到一个部落，有6名外星人从UFO上走了下来。这些外星人个头矮小，就跟人类的小孩差不多高，不过脑袋很大，皮肤是深绿色的。

当时，这个部落正在同相邻部落为了争夺地盘而战争，战争异常激烈，死伤惨重。外星人一到这里，便十分友好地使用当地的语言和部落里的居民交谈起来。他们声称，他们来到这里，是专门来制止战争的，他们希望人类能和平相处。

外星人的肉是什么味道的?

刚开始时，外星人和部落里的人相处融洽。可过了没几天，有人发现外星人拿着一种特殊的仪器在检查这里的一个小孩，这令警觉的土著人很是不满，他们怀疑，这些外星人不怀好意，他们很有可能会伤害人类。随后，他们便把这6名外星人绑了起来，杀死并烤着吃掉了。

酋长说，他们把烤好的外星人的尸体分给部落里的人吃。他们的肉有一股淡淡的腥味儿，不过味道还是挺不错的。有点像青蛙腿的味道，又有点鱼的味道，还稍微带着点猪肉的味道。酋长又说，在他们杀掉那几个外星人没多久，外星人乘坐的那艘载飞船突然发出一道闪光，迅速飞到了天空，瞬间便消失了。

难道飞船上还有外星人吗？是不是他们看到自己的同伴被害后，便赶紧走了呢？

这件事究竟是真是假？

这件事是1988年，瑞士的一位名叫费兹·格兰的人类学家，在巴西的原始森林研究生活在那里的土著人时，听一位年近百岁的酋长讲述的。老酋长还告诉费兹·格兰，他当时也吃了外星人的肉。

费兹·格兰说，老酋长虽然已年近百岁，不过他的身体还很硬朗，精神也很好，记忆力也不错。他所讲的这些都是真实的。这几十年他一直不肯说出此事，是因为他觉得这是他们部落的耻辱。

美国小镇登上金星

苏联的一艘无人空间探测船曾经从太空发回地球一张金星的照片，照片上有一个小镇，很像是一座19世纪的美国小镇，镇上还有马匹、篷车和牛仔呢！

苏联一位天文学家在研究过这张照片后，说："我们还真是无法解释这张照片。虽然金星上没有能使生命

呼吸的空气，但它上面居然有生命，而且还是人类。实在令人难以置信。照片上那个小镇的建筑，简直与19世纪80年代的美国小镇如出一辙。"

尽管金星上的条件那么恶劣，可小镇上的房屋、建筑好像都是用普通木材建造而成的。从照片上看，那里的人类和牲畜好像生活得非常好。更有美国科学家给出了精确的分析，照片上的这个小镇与美国19世纪末期的杜济市极为相似。

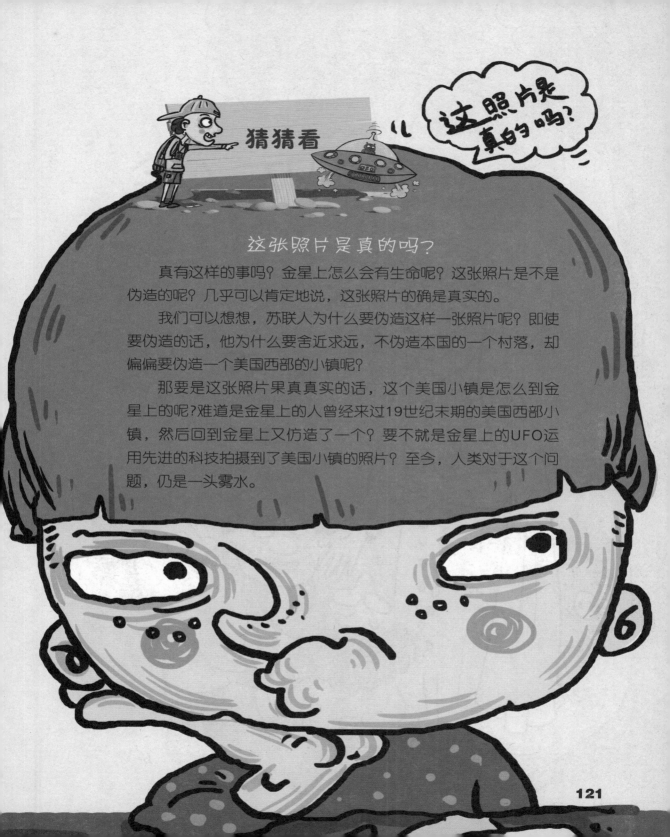

猜猜看

这照片是真的吗?

这张照片是真的吗?

真有这样的事吗?金星上怎么会有生命呢?这张照片是不是伪造的呢?几乎可以肯定地说,这张照片的确是真实的。

我们可以想想,苏联人为什么要伪造这样一张照片呢?即使要伪造的话,他为什么要舍近求远,不伪造本国的一个村落,却偏偏要伪造一个美国西部的小镇呢?

那要是这张照片果真真实的话,这个美国小镇是怎么到金星上的呢?难道是金星上的人曾经来过19世纪末期的美国西部小镇,然后回到金星上又仿造了一个?要不就是金星上的UFO运用先进的科技拍摄到了美国小镇的照片?至今,人类对于这个问题,仍是一头雾水。

在近100年前，葡萄牙里根斯本的法蒂玛小镇发生了一件特别奇异的事件，而正是因为这件事，这个小镇一时声名大噪，人们纷纷前往这里朝拜圣祖，这里也成了全世界天主教徒朝圣祈祷的圣地。那到底这里曾发生过什么奇异之事呢？此事为何会有如此大的影响力？下面，我们就去看看当时发生的那一切吧！

圣母显灵了！

1917年，法蒂玛镇上的三位小牧童雅辛达、方济、路济亚声称，在5月13日的中午时分，他们曾在一棵树下见到了一个自称是圣母的漂亮女子，并且他们还在一起聊天。圣母告诉他们，在10月之前的每月13日都在同一时间来到这棵树下，她要告诉他们一些奇妙的事。

三位小牧童答应了圣母，并且信守诺言，每月的13日都按时到达此地谨听圣母的教诲。圣母告诉他们，她将会在10月13日现身人间。路济亚把这个消息告诉大家后，人们一传十，十传百，很快便传遍了全国。虽然人们也对小牧童的话有所怀疑，但还是抱着一线希望，希望能一睹圣母的尊容。于是，人们纷纷涌向了法蒂玛镇。

不好！"太阳"落下来了！

10月13日这一天，虽然下着倾盆大雨，但人们还是按时到达了路济亚指定的山谷中，这里大约聚集了7万人。中午时，路济亚让大家将伞收起来，人们很纳闷，明明还下着瓢泼大雨，为什么要收起伞呢？虽有疑虑，但人们还是听从了小女孩的话。而就在这时，奇迹出现了——大雨立刻就停了，而且还露出了略显暗淡的太阳。

正当人们惊讶于此等奇怪之事时，突然，一个旋转着的圆盘从云中"腾"地一下飞了出来，它浑身散发着七彩光芒，光彩照人。人们被此情此景惊呆了，还没等他们反应过来，那圆盘已飞腾着向地面冲了过来。人们以为是太阳从天上落下来了，吓得"哇哇"大叫，一些人吓得立刻跪倒在地，虔诚地膜拜起来。此时，眼看就要与地面亲密接触的圆盘突然又"噌"地一下直立而升，盘旋着回到了原来的位置，瞬时消失在太阳里。

当人们回过神来时才发现，刚才被雨淋湿的衣服和土地，眨眼间都已变得极为干爽。

科学家的证词

在近7万名目击者中，科英拉大学的阿尔梅·加勒特教授就是其中之一，他对当时的所见所闻进行了描述：

那是一个轮廓清晰的珍珠色圆盘，它还在云里时就透过云层放出了耀眼的光芒，后来它开始旋转而下，速度越来越快，颜色也由刚开始的白色变成了血红色。圆盘距离人们越来越近，像要把人们全体压碎似的。此时，人们吓得惊慌失色，忍不住尖叫起来，有人吓得四处逃窜，有人则跪倒在地祈祷。令人们惊奇的是，圆盘突然停住了"脚步"，像它来时那样快速地飞走，并在瞬间便消失了。

但是这个圆盘究竟是什么东西，包括加勒特教授在内的近7万目击者，没有一个人能说清楚。

这是不是"集体幻觉"呢？

对于这次异象事件，人们始终无法给出科学的解释，有人说这是UFO在捣鬼，有人说这是圣母显灵，但也有人怀疑这是一场7万人的"集体幻觉"。

我们知道，人在神志不清的时候往往会出现幻觉，但如果近7万人在同一时间、同一地点产生同样的幻觉是不是就有点不可思议了呢？这种7万人的集体幻觉简直是天方夜谭。希望在不远的将来，科学界能对此事给出一个合理的解释。

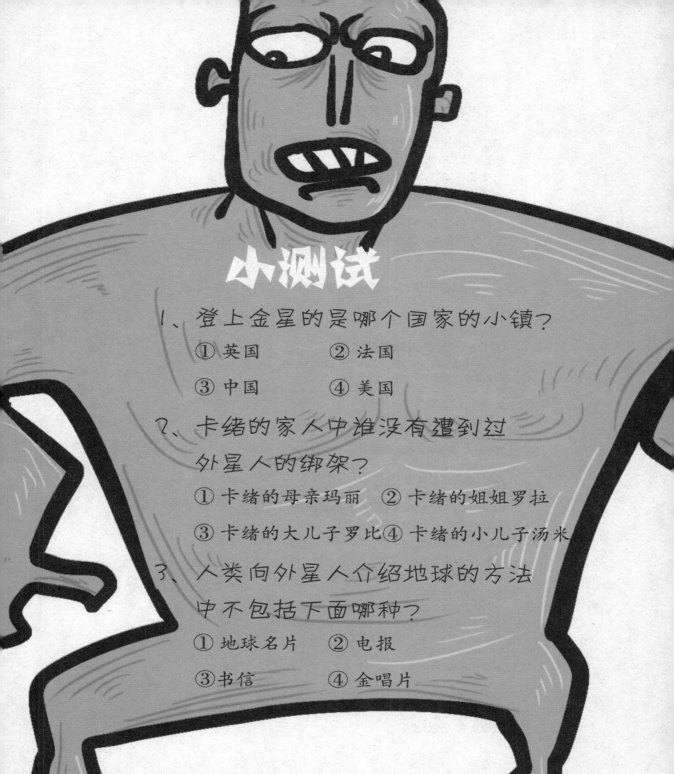

小测试

1、登上金星的是哪个国家的小镇?

① 英国　　　② 法国

③ 中国　　　④ 美国

2、卡绪的家人中谁没有遭到过外星人的绑架?

① 卡绪的母亲玛丽　② 卡绪的姐姐罗拉

③ 卡绪的大儿子罗比④ 卡绪的小儿子汤米

3、人类向外星人介绍地球的方法中不包括下面哪种?

① 地球名片　② 电报

③ 书信　　　④ 金唱片

图书在版编目(CIP)数据

UFO：外星人的星际列车 / 纸上魔方编著. —重庆：重庆出版社，2013.11
（知道不知道 / 马健主编）
ISBN 978-7-229-07117-2

Ⅰ.①U… Ⅱ.①纸… Ⅲ.①飞盘—青年读物 ②飞盘—少年读物 ③地外生命—青年读物 ④地外生命—少年读物 Ⅳ.①V11-49 ②Q693-49

中国版本图书馆 CIP 数据核字（2013）第 255597 号

UFO——外星人的星际列车
UFO-WAIXINGREN DE XINGJI LIE CHE

纸上魔方 编著

出 版 人：罗小卫
责任编辑：胡 杰 刘 婷
责任校对：胡 琳 朱彦彦
装帧设计：重庆出版集团艺术设计有限公司·陈永

重庆出版集团
重庆出版社 出版

重庆长江二路 205 号 邮政编码：400016 http://www.cqph.com

重庆出版集团艺术设计有限公司制版
重庆现代彩色书报印务有限公司印刷
重庆出版集团图书发行有限公司发行
E-MAIL:fxchu@cqph.com 邮购电话：023-68809452
全国新华书店经销

开本：787mm×980mm 1/16 印张：8 字数：98.56 千
2013 年 11 月第 1 版 2014 年 4 月第 1 次印刷
ISBN 978-7-229-07117-2
定价：29.80 元

如有印装质量问题，请向本集团图书发行有限公司调换：023-68706683